海を科学するマシンたち

ちきゅう

地底のなぞを掘りだせ!

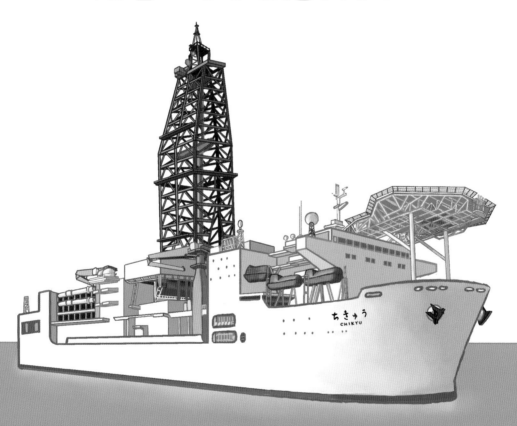

山本省三 作

ハマダミノル 絵

くもん出版

地球の中を調べる船

地球の中は、いったいどうなっているのか。
まだ、だれも見たことがないのでよくわかっていない。
そこで、深く掘って調べてみようと
つくられた船が「ちきゅう」だ。

海の上からパイプを長く、長くつなげ、
海底よりさらに下へ
深く、深く掘ることができる。

建物とくらべる

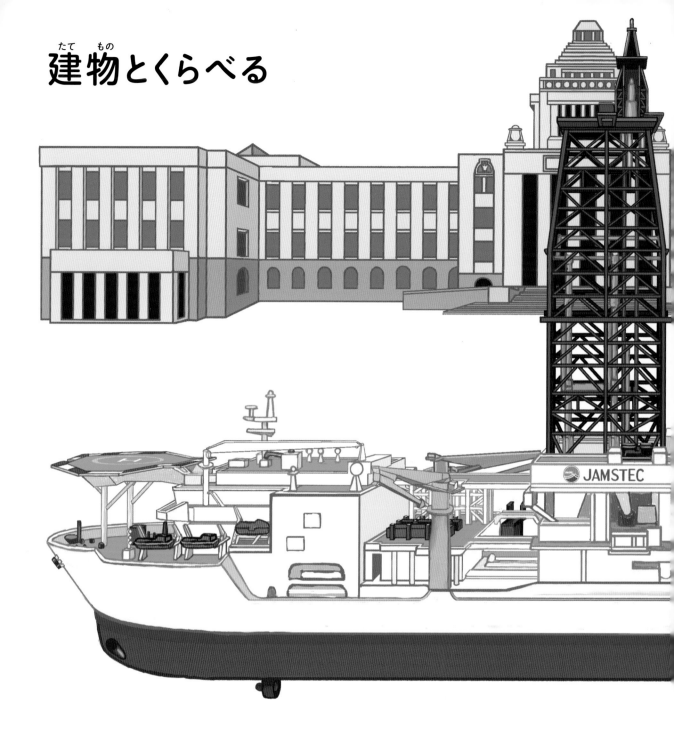

「ちきゅう」の大きさがわかるように、建物とくらべてみよう。

長さは、国会議事堂より4メートルほど長い。

高さは、30階建てのビルと同じくらい。

乗れる人数は200人。

「ちきゅう」は、とても大きな船なのだ。

4メートルほどの差

「ちきゅう」という名前は、
全国から募集して決められた。
名づけたのは小学4年生（当時）。

5

「ちきゅう」をながめる

とくに目立つのは、
デリックとよばれる青くて大きなやぐらと、
何台もの黄色いデッキクレーンだ。

デリック

ドリルパイプ

えんとつ

機関室
<small>きかんしつ</small>

ライザーパイプ

ドリルフロア

JAMSTEC

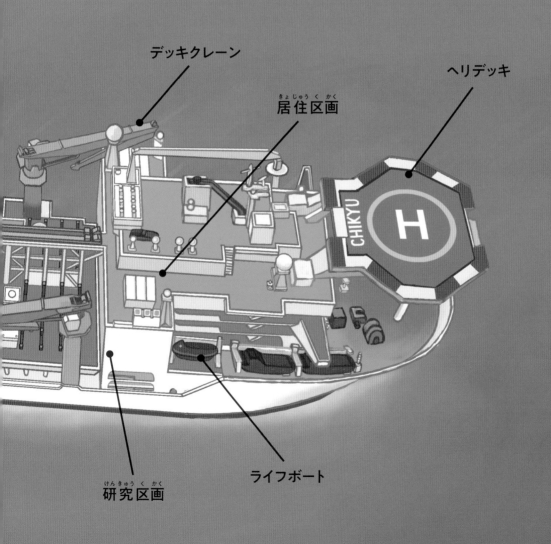

デッキクレーン

居住区画
きょじゅう く かく

ヘリデッキ

CHIKYU

H

研究区画
けんきゅう く かく

ライフボート

デリックは力もち

デリックがつるせる重さは1250トン。
ジェット機なら3機以上、アフリカゾウなら200頭にもなる。
海底を掘るためには、何百本もパイプをつなげる。
それを、このデリックでつりさげるのだ。

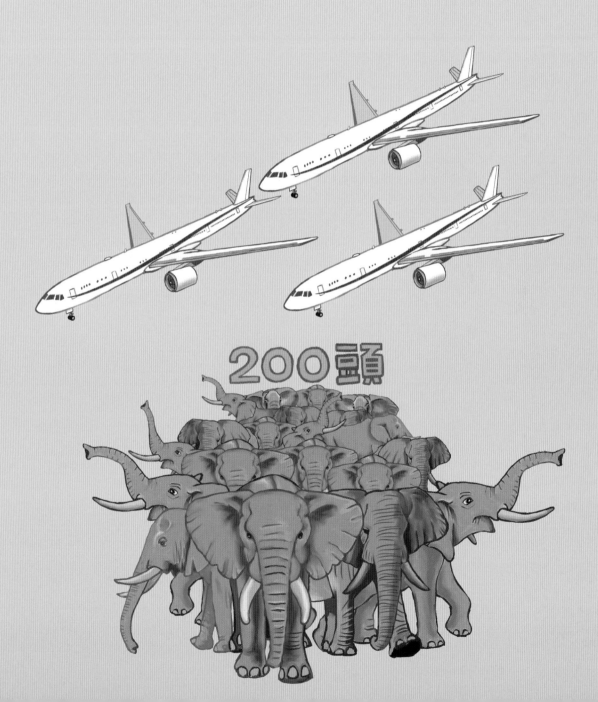

パイプだらけ

甲板のあちこちに、パイプが積まれている。

「ちきゅう」に積むことができる

ドリルパイプをすべてつなぐと、10キロメートル。

その上を歩くと2時間以上もかかる。

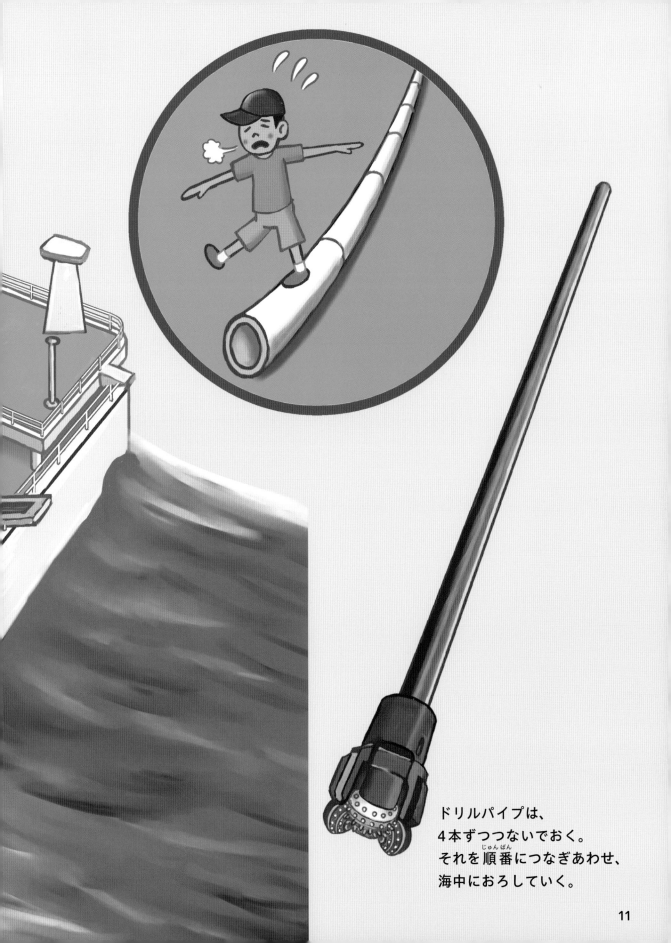

ドリルパイプは、
4本ずつつないでおく。
それを順番につなぎあわせ、
海中におろしていく。

なんと、動かない船!?

海底を掘っているときに船が動くと、
長くつないだパイプが曲がり、とちゅうで折れてしまう。
だから、「ちきゅう」は動かないことをめざしてつくられた。

「ちきゅう」には、
ぐるりとプロペラの向きを変えられるスクリュー、
アジマススラスタが6台つけられている。
それをコンピュータで動かし、船の位置のずれをすばやくなおす。
おかげで、波や風があっても、半径2メートル以内にとどまれる。
また、ほんの少し、50センチメートルくらいの移動もできるのだ。

そうするには大きな電力を使う。
それをまかなうための発電機が備えつけられている。

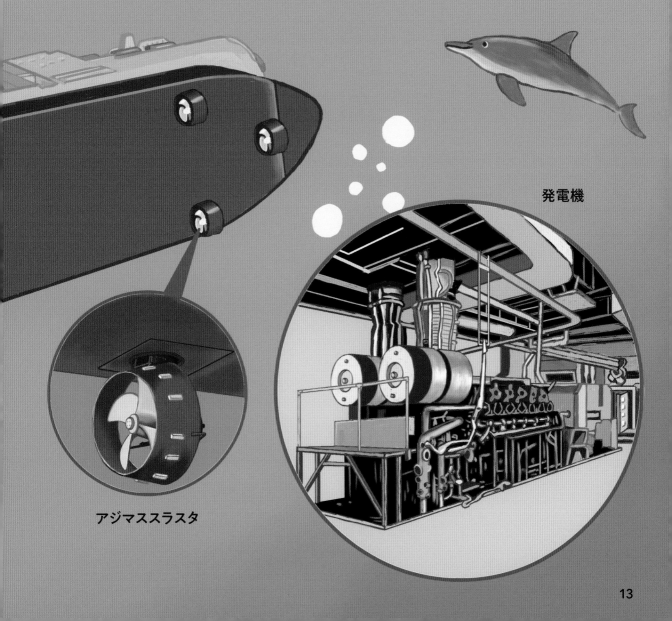

発電機

アジマススラスタ

ヘリコプターはなんのため？

ブルン、ブルン、ブルン。
甲板のいちばん前にあるヘリデッキに、ヘリコプターがおりてきた。
海底を掘りはじめると、
「ちきゅう」は何十日ものあいだ、その場所にとどまる。
だから、乗組員の交代などにヘリコプターを使うのだ。

船のまん中に穴!?

デリックの下には、なんと、大きな穴があいている。
たてが22メートル、横が12メートルで、
ムーンプールとよばれている。
ここを通して、デリックでつるしたパイプを
海底におろしたり、引きあげたりする。

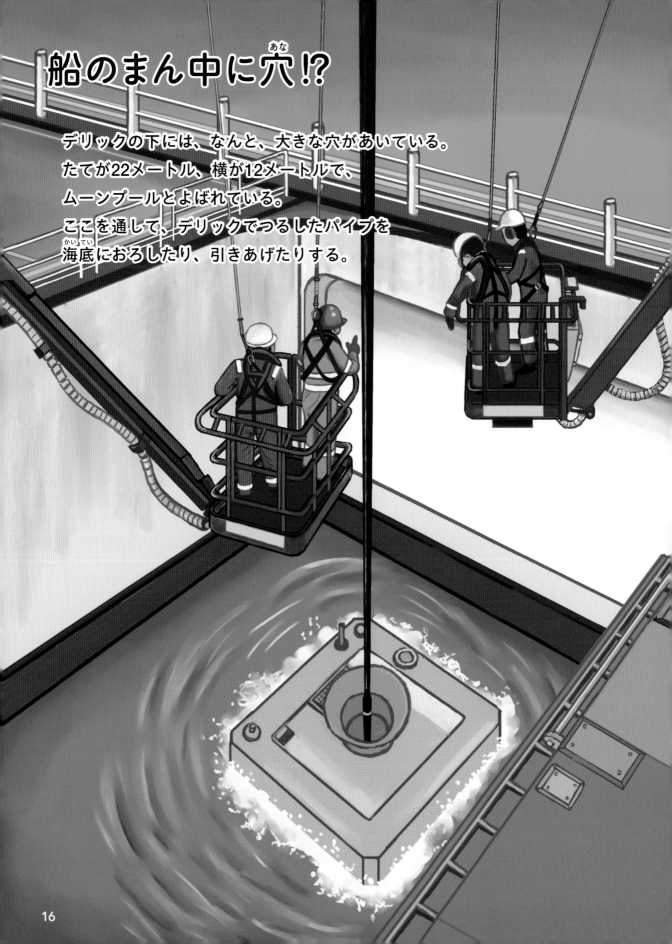

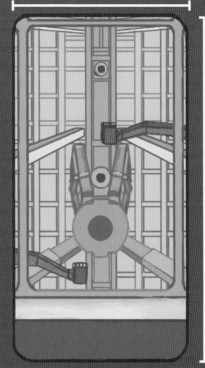

12メートル

22メートル

海中から見上げた
ムーンプール

浮き輪と同じで、
穴があっても「ちきゅう」が
しずむことはない。

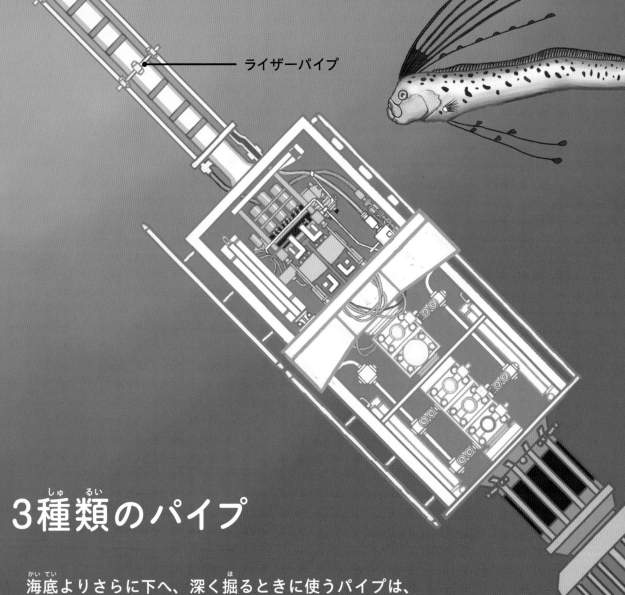

ライザーパイプ

3種類のパイプ

海底よりさらに下へ、深く掘るときに使うパイプは、
大きくわけて3種類。
回りながら海底を掘るドリルパイプ。
それをおおい、船と海底をつなぐライザーパイプ。
掘った穴がくずれないよう、
おさえるためのケーシングパイプ。
ドリルパイプの先には、
地層を掘りすすむための
ドリルビットが取りつけられる。

いろいろな形のドリルビットがある。
掘る地層のかたさなどによって、
どのドリルビットを使うのかを決める。
人工のダイヤモンドがはめこまれたものや、
特別な合金でつくられたものなどがある。

ドリルパイプ

ケーシングパイプ

ドリルビット

ドリラーズハウス

ここはドリルフロア。
デリックのねもとに、
正面と屋根がとうめいになった部屋がある。
ドリラーズハウスとよばれ、
テレビモニター、ボタンや
レバーなどがならんでいる。
パイプを運んでつないだり、
海底におろして掘りすすんだりするときの
コントロールは、ここでおこなう。

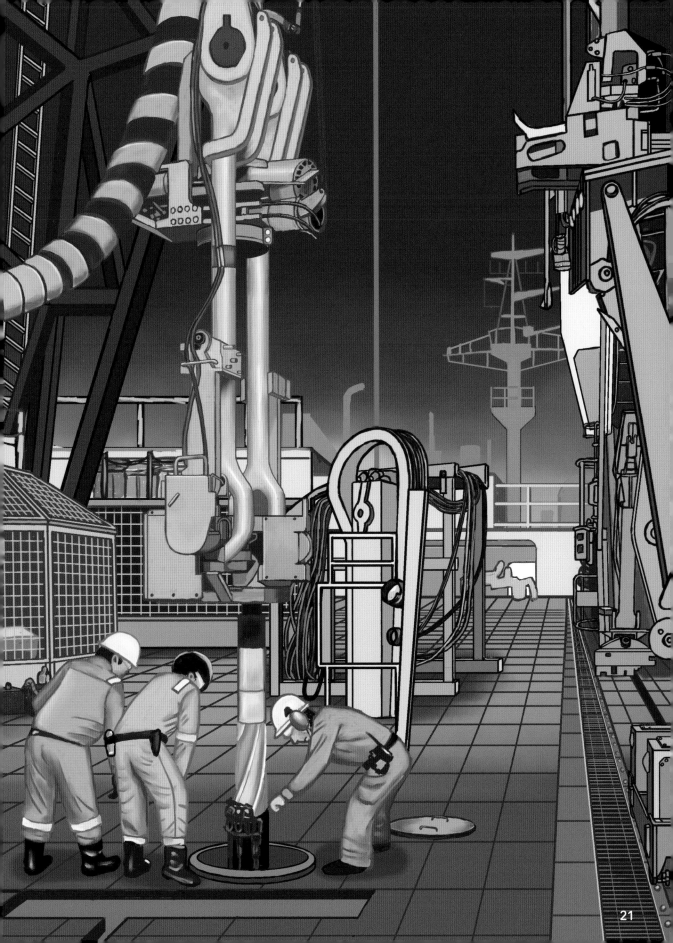

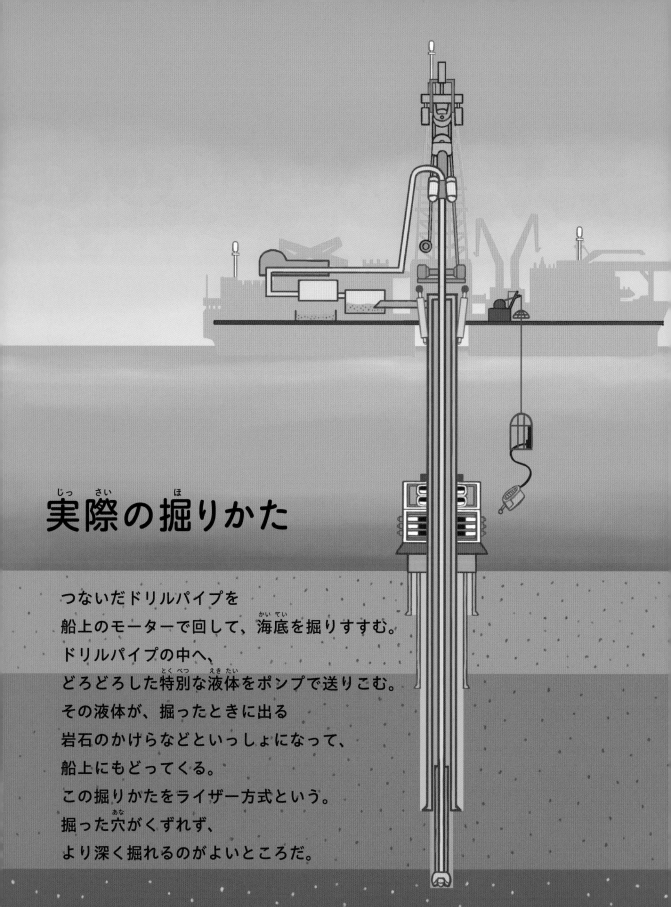

実際の掘りかた

つないだドリルパイプを
船上のモーターで回して、海底を掘りすすむ。
ドリルパイプの中へ、
どろどろした特別な液体をポンプで送りこむ。
その液体が、掘ったときに出る
岩石のかけらなどといっしょになって、
船上にもどってくる。
この掘りかたをライザー方式という。
掘った穴がくずれず、
より深く掘れるのがよいところだ。

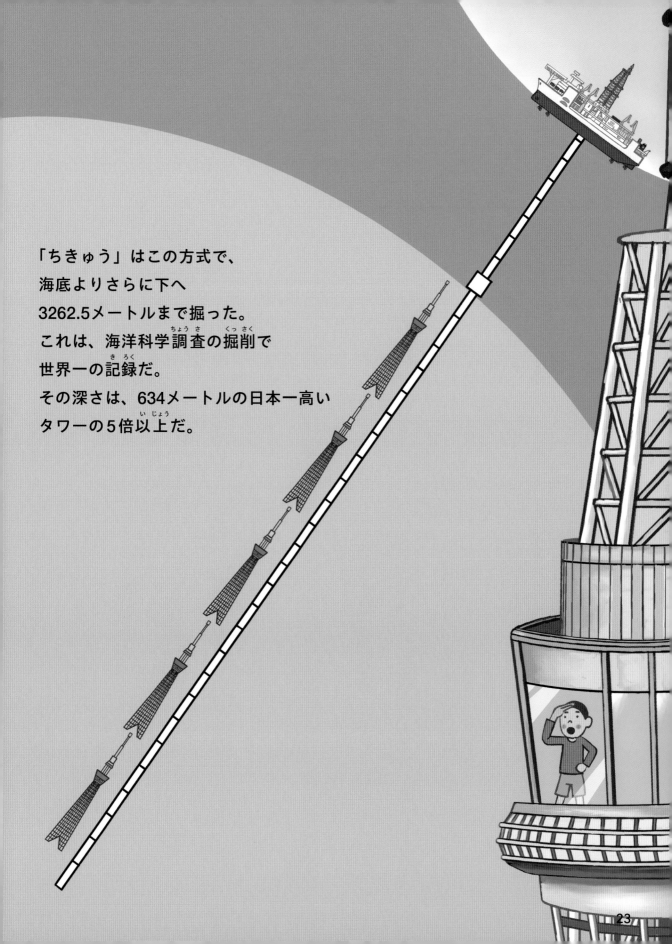

「ちきゅう」はこの方式で、
海底よりさらに下へ
3262.5メートルまで掘った。
これは、海洋科学調査の掘削で
世界一の記録だ。
その深さは、634メートルの日本一高い
タワーの5倍以上だ。

海底より下からの宝もの

いちばん先にあるドリルパイプの中には、
コアバレルとよばれる細長い管が入っている。
さらにその中に、長さ9.5メートルの
プラスチックのケースがおさめられている。
このケースに、海底より下の砂や泥、
岩からできた地層がつめられ、
海の上まで運ばれてくる。
これを、コア（地質試料）とよぶ。
地球のなぞをときあかす宝ものなのだ。

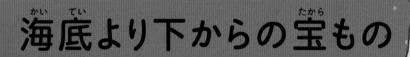

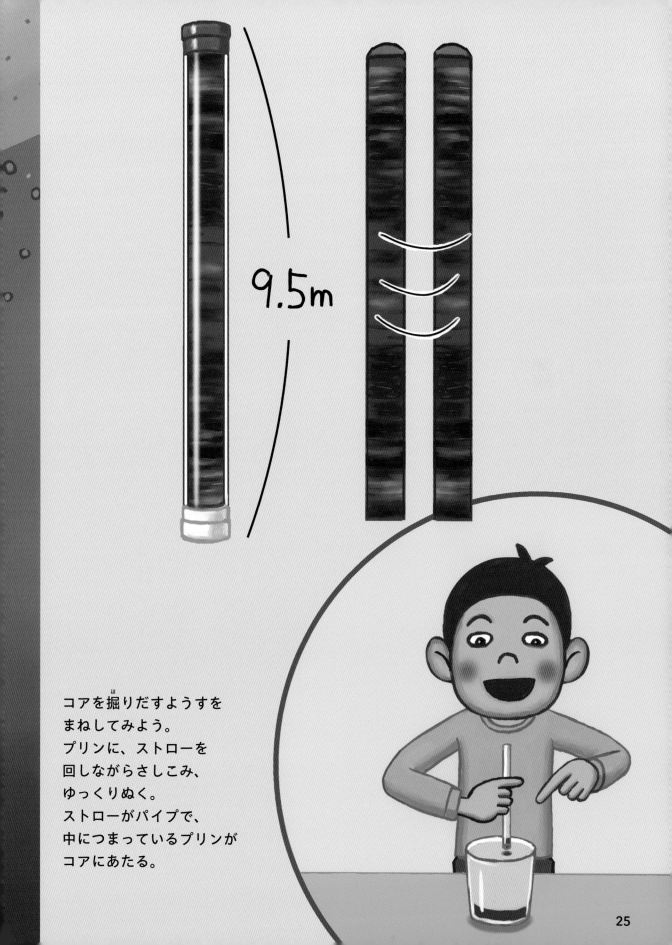

9.5m

コアを掘りだすようすを
まねしてみよう。
プリンに、ストローを
回しながらさしこみ、
ゆっくりぬく。
ストローがパイプで、
中につまっているプリンが
コアにあたる。

海上の科学研究所

引きあげたコアは、「ちきゅう」の前方にある
4階建ての研究区画に運ばれる。
この区画のラボには、
最新の設備と分析装置がある。
まさに海の上の科学研究所だ。

コアは、最初に4階に運ばれ、
6つに輪切りにされる。

次に3階へ向かい、
コアの中身が変化しないうちに
CTスキャナにかける。
CTスキャナを使うと、レントゲンのように
中身が画像でわかるので、
コアをこわすことなく調べられる。
そのあと、たてに2つに切りわけられる。

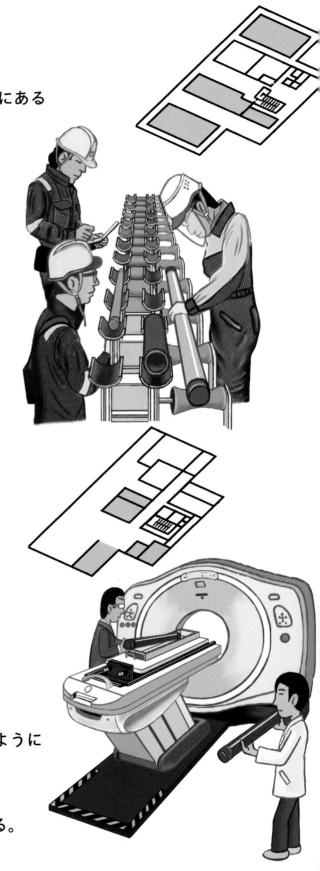

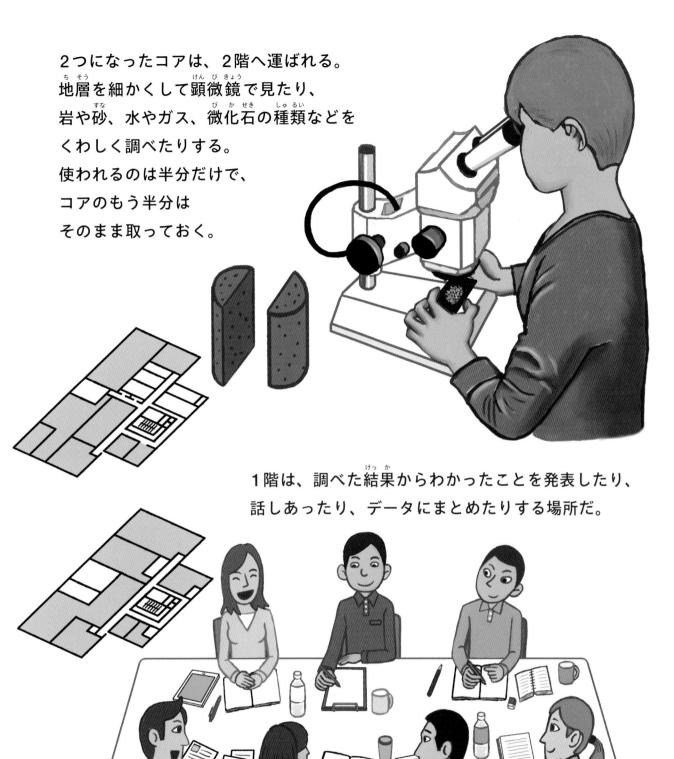

2つになったコアは、2階へ運ばれる。
地層を細かくして顕微鏡で見たり、
岩や砂、水やガス、微化石の種類などを
くわしく調べたりする。
使われるのは半分だけで、
コアのもう半分は
そのまま取っておく。

1階は、調べた結果からわかったことを発表したり、
話しあったり、データにまとめたりする場所だ。

保管されるコア

ラボで切りわけられ、
調べる作業が終わったコアは、すべて保管される。
その場所は、高知県にあるコアセンターだ。
コアセンターはアメリカ、ドイツ、高知の3か所。
地球を3つの地域にわけ、それぞれで保管している。
そして、さまざまな研究に役立ててもらうため、コアの貸し出しをしている。

コアからわかること

青森県下北半島沖や高知県室戸沖などの、
海底よりさらに下から掘りだした泥を顕微鏡で調べると、
宝石のような、とても小さな化石が見つかった。
このような微化石を調べると、
大昔の地球のようすを知る手がかりになるのだ。

宝石のようなとても小さな化石

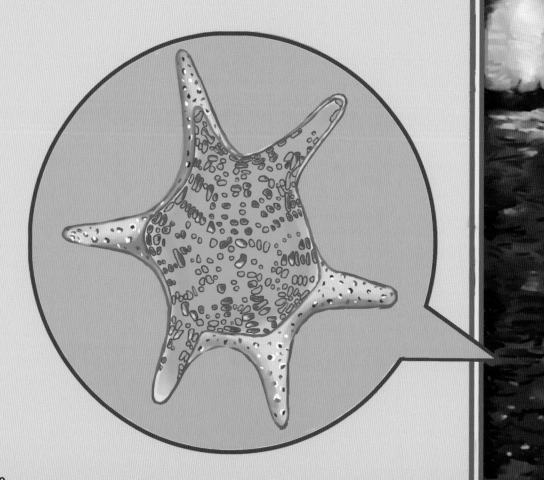

電子顕微鏡で見た、海底下の生きている微生物

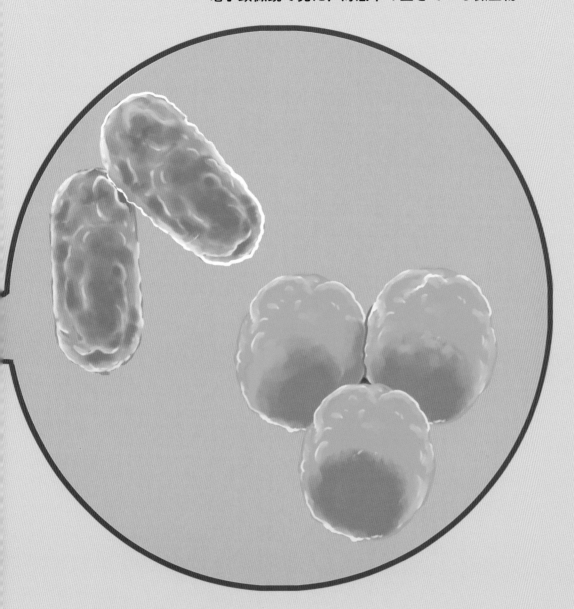

青森県八戸沖の調査では、
水深1180メートルの海底よりさらに下へ、
2466メートルまで掘った地層から生き物が見つかった。
こんなに深いところに生き物がいたとは、おどろきだ。

大津波を起こした断層

2011年3月11日に起きた巨大地震。
東日本の太平洋沿岸をおそった大津波が、
なぜ発生したのか。
それからおよそ1年後の2012年4月1日。
「ちきゅう」は、地震が起きた
宮城県牡鹿半島の沖へ向かった。

そして、大津波の原因となった海底の断層が
ふくまれているコアを掘りだすことに成功した。

その重要さから、このコアを
「きせきのコア」とよぶ研究者もいる。

温度をはかれ!

「ちきゅう」にもうひとつ、大切な仕事が残っていた。
断層で、地層がすべってこすれたなら、
温度が上がったはずだ。
そこで、深海の底に掘った穴から温度計を入れて、
確かめようというのだ。

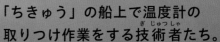
「ちきゅう」の船上で温度計の
取りつけ作業をする技術者たち。

「ちきゅう」はふたたび牡鹿半島の沖に向かい、
7月16日に、55個の高精度温度計をつけた装置を設置した。
温度計は9か月後に、無人探査機「かいこう」が回収。
温度の変化を調べたところ、大地震が起きたときに
断層がとてもすべりやすくなっていたことが確かめられた。

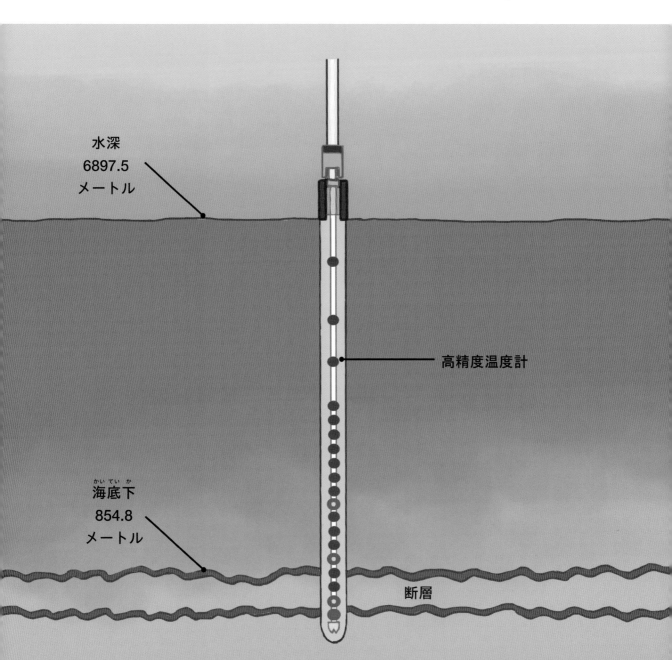

水深
6897.5
メートル

高精度温度計

海底下
854.8
メートル

断層

乗組員は4週間で交代する。

「ちきゅう」でくらす

食事はビュッフェ形式で、肉や魚、
野菜を好きに選べる。
1日に4回、6時間おきに食事が出る。
昼も夜も休まず調査を続けるので、
それぞれが働く時間に合わせて
食事を取れるようにするためだ。

ほとんどが2人部屋で、シャワーがついている。
映像が見られる部屋もある。

「ちきゅう」で使われるのは英語。
いろいろな国の人が乗って、働いているからだ。

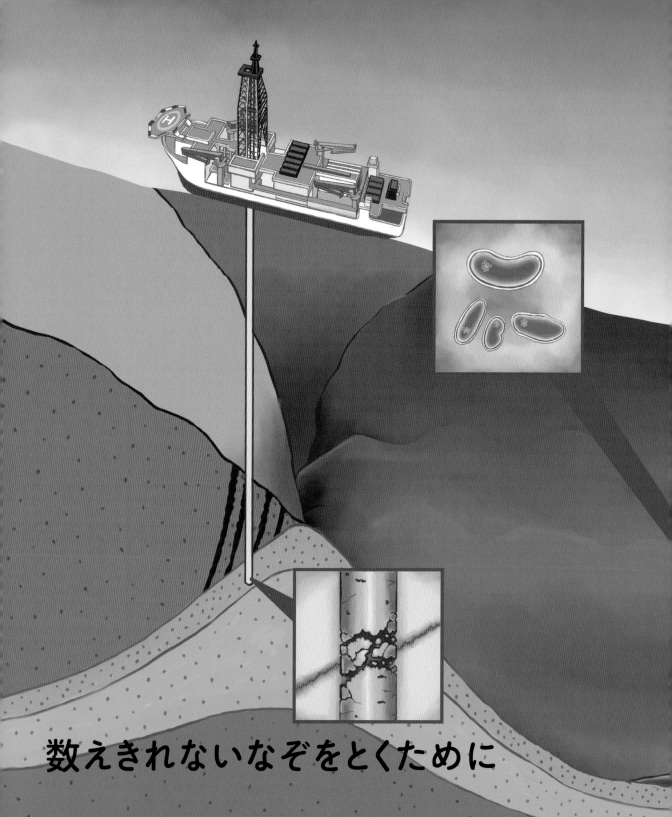

数えきれないなぞをとくために

地球には、まだまだわからないことがたくさんある。

海底下の地層がしずみこむところで発生する地震や津波。

なぜ起こるのか、どのように起こるのか。

深海の海底よりさらに下の地底にすむ未知の微生物の発見。
深海にそびえる、なぞだらけの熱水噴出孔。
そのまわりや地下の生物は、どんなくらしをしているのか。

それらを調べるために、
「ちきゅう」はこれからも深く、
深く掘りすすんでいく。

作
山本省三（やまもと しょうぞう）

神奈川県生まれ。横浜国立大学卒。絵本や童話、パネルシアター、紙芝居の執筆など幅広く活躍している。現在、日本児童文芸家協会理事長。作品に、『パンダの手には、かくされたひみつがあった！』をはじめとする「動物ふしぎ発見シリーズ（全5巻）」、『すごいぞ！「しんかい6500」』、『深く、深く掘りすすめ！〈ちきゅう〉』（いずれも、くもん出版）、『もしもロボットとくらしたら』、『もしも深海でくらしたら』（いずれも、WAVE出版）など、多数。

絵
ハマダミノル

東京都三鷹市生まれ。阿佐ヶ谷美術専門学校ヴィジュアルデザイン科卒業。いくつかの設計事務所を経て、2003年からフリーイラストレーターとして活動を開始。小学生向け通信教材の表紙イラストレーションを1年間担当したのをきっかけに、教育・児童向け関連の仕事が中心になる。「小学生男児が狂喜するイラストレーター」をキャッチフレーズに、ワクワクするイラストレーションを展開中。趣味はプラモデルとアコーディオン。そして愛猫家。
ホームページ：https://minoru-h.com

監修・協力
国立研究開発法人海洋研究開発機構
（JAMSTEC）

装丁・デザイン
大悟法淳一、山本菜美
（ごぼうデザイン事務所）

海を科学するマシンたち
ちきゅう
地底のなぞを掘りだせ！

2024年6月28日　初版第1刷発行

作　　山本省三
絵　　ハマダミノル
発行人　志村直人
発行所　株式会社くもん出版
〒141-8488
東京都品川区東五反田2-10-2　東五反田スクエア11F
　　　電話　03-6836-0301（代表）
　　　　　　03-6836-0317（編集）
　　　　　　03-6836-0305（営業）
ホームページアドレス　https://www.kumonshuppan.com/
印刷　　株式会社精興社

NDC450・くもん出版・40P・26cm・2024年・ISBN978-4-7743-2855-3

CD56211